U0397888

ICONES PICTAE INDO-ASIATICAE PLANTARUM

中华和印度植物图谱

［英］查尔斯·科尔 等 绘制

Charles Henry Bellenden Ker

上海古籍出版社

SHANGHAI CHINESE CLASSICS PUBLISHING HOUSE

Selection of Rare Books from Bibliotheca Zi-ka-wei

徐家汇藏书楼珍稀文献选刊

徐锦华　主编

本书系国家社科基金重大项目
"徐家汇藏书楼珍稀文献整理与研究"
（项目批准号：18ZDA179）成果之一

总　序

董少新

文化交流是双向的，这是文化交流史研究的基本共识。但同时我们也必须认识到，在特定的历史时期，文化交流往往是不平衡的。这种不平衡体现在多个方面，其中就包括文化交流双方输入和输出的文化、知识、思想和物质产品等的数量不平衡，也包括己方文化对对方的影响程度不平衡。研究文化交流的这种不平衡性，考察特定历史时期文化交流双方输出和引进对方文化的数量及影响程度的差异，具有重要的学术意义。这样的研究可以在横向对比中为我们评估双方社会的发展程度、开放与包容性、对外来文化的态度、发展趋势及其原因等问题提供重要的参考。

16 世纪以后的中西文化交流是人类历史上最伟大的文化交流之一。它不仅对双方造成了深刻的影响，而且一定程度上也促进了人类的近代化进程。对这一时期的中西文化交流史的研究，中外学界已有的成果可谓汗牛充栋。对前人研究略加梳理我们便不难发现，已有成果中更多的是研究西方文化东渐及其对中国的影响，而对中国文化西传欧洲的历史，尤其是中国文化在欧洲的影响史，虽然也有不少研究，但整体而言仍是远远不够的。这便给我们

造成这样一种印象，认为西方先进的科技文化对中国造成了深远影响，而中国落后的农耕文化对西方的输出和影响十分有限；西方带动并主导了近代化进程，中国一度因为闭关锁国而错失了跟上先进的西欧发展步伐，最后不得不在西方的坚船利炮压力下才被迫打开国门，进入世界。导致这样的认知状况的原因很多，也很复杂，其中的一个重要原因是后见之明的影响，即用 19 世纪中西关系的经验来涵括整个 16-20 世纪中西关系史。如果我们以公元 1800 年为大约的分界线，将 16 世纪以来的中西关系史分为前后两个时期，那么不难看出，很多以往的观点和印象对 16-18 世纪的中西关系史并不适用，有的甚至是截然相反。

耿昇在法国学者毕诺（Virgile Pinot）《中国对法国哲学思想形成的影响》中译本"译者的话"中说："提起中西哲学思想和科学文化的交流，人们会情不自禁地想到西方对中国的影响。但在 17-18 世纪，中国对西方的影响可能要比西方对中国的影响大，这一点却很少有人提到。"在 17-18 世纪，到底是中国对西方的影响大，还是西方对中国的影响大？这是一个很值得思考并需要从多个角度加以回答的问题。

相关文献的数量或许是回答此问题的重要维度。就我个人的研究经验和观察而言，这一时期有关中国的西文文献的数量，要远远超过有关欧洲的中文文献数量。来华的西洋传教士、商人、使节和旅行家根据自己的所见所闻、亲身经历甚至中国典籍，用欧洲文字书写了数量庞大的书信、报告、著作和其他档案资料，绝大部分都被寄送或携带至欧洲，从而将丰富的中国信息传回了欧洲。这一时期曾到过中国的欧洲人数以万计，仅天主教传教士便有千余人，其中不乏长期在华、精通中文者。这些西方人是这一时期中西文化交流的主要媒介，其数量远超曾到过欧洲的中国人，而且黄嘉略、沈福宗、胡若望、黄遏东等少数去过欧洲的中国人，其主要扮演的角色和发挥的作用也是向欧洲传播中国文化和知识。来华传教士，尤其是实行适应性传教策略的耶稣会士，的确用中文翻译、撰写了数百部西学作品，但是数量上远不及他们以西文书写的介绍中国的书信、著作、报告乃至图册。也就是说，这一时期传入欧洲的中国知识和信息远多于传入中国的欧洲知识和信息。如果将带有丰富文化、艺术信息的瓷器、漆器、丝织品、外销画、壁纸、扇子等物质文化商品也考虑进来，中西文化交流在数量上的差距便更

为明显，毕竟这一时期欧洲商人带入中国的作为商品的物质文化数量是相当有限的。

另一方面，17-18 世纪欧洲的知识界根据来华传教士和商人带回的中国信息、知识而撰写的文章、小册子和书籍，其数量更远远超过中国知识界根据来华传教士和商人带至中国的欧洲信息、知识而撰写的作品。1587 年出版的门多萨（Juan Gonsales de Mendoza）《中华大帝国史》（*Historia del Gran Reino de la China*）在欧洲被翻译成多种文字并一版再版，同时期没有一部有关欧洲的中国学者的作品出现；1735 年出版的杜赫德（Jean Baptiste du Halde）《中华帝国全志》（*Description géographique, historique, chronologique, politique et physique de l'Empire de la Chine et de la Tartarie chinoise*）同样在欧洲广为流传，但同时期并没有一部中国学者的作品可与其相提并论，即便魏源的《海国图志》或可与之相比，其出版时间也已晚于《中华帝国全志》一个多世纪。从这个角度来看，中国知识和文化在欧洲的影响要远大于欧洲知识和文化在中国的影响。这一点还可以从欧洲盛行一个世纪的"中国风"以及一批启蒙思想家对中国文化的讨

论中看出，而这一时期传入中国的欧洲艺术主要局限于清宫之中，从黄宗羲、顾炎武、王夫之到钱大昕、阎若璩、戴震等清代主流学界到底受到西学何种程度的影响，也还是不甚明了的问题。

当然，仅从文献数量来论证中国对欧洲有更大的影响并不充分。关于 16-18 世纪中国文化在欧洲的传播和影响，一个多世纪以来欧美学界有过不少专门的研究，如艾田蒲（Rene Etiemble）《中国之欧洲》、毕诺《中国对法国哲学思想形成的影响》和拉赫（Donald F. Lach）《欧洲形成中的亚洲》等。这些著作对打破欧洲中心主义的偏见发挥了重要作用，但我们也必须看到，这些著作在欧美学术界是边缘而非主流。在"正统"的欧洲近代史叙述中，欧洲所取得的成就是欧洲人的成就，是欧洲人对人类的贡献，是欧洲自古希腊、罗马时代以来发展的必然结果，包括中国在内的非欧洲世界的贡献及其对欧洲的影响几乎被完全忽视了。

中国学界方面，早在 20 世纪 30-40 年代，钱锺书、陈受颐、范存忠、朱谦之等学者便对中国文化在欧洲（尤其是英国）的传播和影响作了开拓性的研究。

但此后中国学界对该问题的研究中断了较长的时间，直到 20 世纪 90 年代以来才重新受到学界的重视，出现了谈敏《法国重农学派学说的中国渊源》、孟华《伏尔泰与孔子》、许明龙《欧洲十八世纪中国热》、张西平《儒学西传欧洲研究导论：16-18 世纪中学西传的轨迹与影响》、吴莉苇《当诺亚方舟遭遇伏羲神农：启蒙时代欧洲的中国上古史论争》、詹向红和张成权合著《中国文化在德国：从莱布尼茨时代到布莱希特时代》等一系列著作。但这些研究主要集中于中国文化对英、法、德三国启蒙思想家的影响，至于中国知识、思想、文化、物质文明、技术、制度等在整个欧洲的传播和影响这个大问题，仍有太多问题和方面未被触及，或者说研究得远非充分。例如，包括中国在内的非欧洲世界的传统知识、技术对欧洲近代科技发展有何种程度的影响？中国、日本、印度、土耳其乃至美洲的物质文化对欧洲社会风尚、习俗、日常生活的变迁起到了什么样的作用？近代欧洲逐渐形成的世俗化、宗教包容性、民主制度除了纵向地从欧洲历史上寻找根源之外，是否也存在横向的全球非欧洲区域的影响？世界近代化进程中，包括中国在内的非欧洲世界以何种方式发挥了怎样的作用？

对于这些问题的研究和讨论，首要的是掌握和分析 16 世纪以来欧洲向海外扩张过程中所形成的海量以欧洲语言书写的文献资料，其中就包括来华欧洲人所撰写的有关中国的文献，和未曾来华的欧洲人基于传至欧洲的中国信息和知识写成的西文中国文献。在这方面，西方学者比中国学者更有语言和文献学优势，在文献收集方面也拥有更为便利的条件。中国学界若要在中国文化西传欧洲及其影响问题上与欧美学界开展平等对话，乃至能够有所超越，必须首先在语言能力和文献掌握程度上接近或达到欧美学者的同等水准。实现这一目标极为不易，但近些年中国学界出现的一些可喜的变化，使我们对这一目标的实现充满期待，这些变化包括：第一，中西学界的交流越来越频繁和深入；第二，越来越多的年轻学者有留学欧美的经历，掌握一种乃至多种欧洲语言，并对近代欧洲文献有一定程度的了解，具备利用原始文献开展具体问题研究的能力；第三，中国学界、馆藏界和出版界积极推动与中国有关的

西文文献的翻译出版，甚至原版影印出版。

上海图书馆徐家汇藏书楼拥有丰富的西文文献馆藏，不仅包括法国耶稣会的旧藏，而且包括近些年购入的瑞典汉学家罗闻达(Björn Löwendahl)藏书。徐家汇藏书楼计划从其馆藏中挑选一批珍贵的西文中国文献影印出版，以方便中国学界的使用。第一批出版的《中国植物志》《中华和印度植物图谱》《中国昆虫志》《中国的建筑、家具、服饰、机械和器皿之设计》《中国建筑》《中国服饰》均为 17-19 世纪初中西文化交流的重要文本或图册，是研究中国传统动植物知识、建筑、服饰、家具设计等在欧洲的传播和影响的第一手资料。这批西文文献，以及徐家汇藏书楼所藏的其他珍稀西文文献的陆续出版，无疑将推动中国学界在中学西传、中国文化对欧洲的影响等方面的研究。

（作者为复旦大学文史研究院研究员，博士生导师）

导　言

周仁伟

本书为上海图书馆藏瑞典藏书家罗闻达（Björn Löwendahl）"罗氏藏书"第1515号，是一本包含25幅彩色图版的图册。图册外观尺寸49.9×34.7厘米，有暗红色硬纸封面和封底，书脊破损，内页有部分已脱落，部分书页边缘破损，但不影响画面。除图版外，图册没有任何印刷的文字内容。

据罗闻达先生《从西文印本书籍（1477-1877）看中西关系、中国观、文化影响和汉学发展》（2008年出版，简称《罗氏书目》）描述，此图册原本有30幅图版，其中7幅铜版蚀刻，23幅石印，共描绘32种植物，全部手工上色。初版1818年印于伦敦，有石印题名"Icones pictae indo-asiaticae plantarum……"，出版说明"Lithographiae impressae a Moser. Londini MDCCCXVIII"（1818年伦敦莫泽氏以石版印刷），并有一署名凯特利（W. Cattley）的"公告"："本书所包含的30幅图片来自一套中国与印度绘画的收藏，24［此处可能是笔误］幅石印，由科尔先生绘制，7幅铜版蚀刻；处理了若干图片之后，我们有幸在约瑟夫·班克斯爵士指导下挑选了最值得出版的植物；我们打算将来再出版另一部分30幅图片［未实现］。"此书于1821年由书商布思

（J. H. Boothe）重印，题名变为"Icones plantarum sponte China nascentium; e bibliotheca Braamiana excerptae"（中国特产植物图谱，选自Braam藏书），并有一篇拉丁文序言。1818年的初版本被认为是极其罕见的。

这件藏本仅有25幅图版，且没有任何文字内容，应视为残本。部分纸张上有水印"J. Whatman""1816""1817"。依据各种相关书目中对该文献的著录，基本可以认为这个残本是出自罕见的1818年初版。25幅图版中的17幅有签名"H.B.K."或"C.H.B.K."，即出版商所说的"科尔先生"。虽然部分图版边缘略有破损，但画册整体还算是保存完好的，而且为了印制彩色图谱，显然是选用了质量上乘的纸张，再加上后期手工上色，这件图册拥有令人赞叹的视觉效果。

关于这些画像的来源，1821年版的拉丁文序言中指出，这些图片来自一位名为 Andreas Everardus van Braam Houckgeest 的先生从中国带回来的藏品，后归属于"杰出的科学赞助者"威廉·凯特利。这位名字很长的荷兰人，准确地说是荷兰裔美国人，

其实是我国对外交流史上非常有名的人物，在中文资料中一般被称为范罢览。此人 1739 年生于荷兰，1758 年来到中国，服务于荷兰东印度公司，长期驻留广州和澳门，1773 年回荷兰。有意思的是，在 1783 年，他受到美国独立的精神鼓舞，来到大洋彼岸，并于 1784 年宣誓入籍，成了美国人 —— 所以后来很多西方文献将他称为"第一个进入紫禁城的美国人"。后来由于境况不佳，他再次接受了荷兰东印度公司提供的职位，于 1790 年再次来到中国。1794 年荷兰使团访华，并觐见中国皇帝，这是继英使马戛尔尼访华之后中国外交史上的又一重大事件，他在其中起到了关键的作用。他还撰写了一部使团行记，后被翻译成多种语言，有评论认为，虽然当时使团主要人物比如大使德胜（Isaac Titsingh）、副使小德金（Chretien-Louis-Joseph de Guignes）都撰写过使团行记，但作为中国通的范罢览的作品是内容最丰富、最有趣的。1795 年范罢览离开中国，但之后再次因经济陷入困境而离开美国，1801 年死于阿姆斯特丹。范罢览在中国时曾收购、定制大量中国美术品，他本人也用画笔记录过在中国的生活。据称他 1795 年回美国时带走了超过 1800 幅绘画和其他艺术品，并在费城举办过展览。有一种非常著名的刻着

美国十五个州名的中国瓷盘，最初就是由他定制并且成为他赠予华盛顿夫人的礼物之一。他的《荷兰使团行记》最初的编者和法文译者圣梅利（Moreau de Saint-Mery）在全书的最后单独加了一个章节来介绍他的绘画收藏，其中主要是中国的风土人情，也有不少动植物图谱，包括花卉图 148 幅以及其他水果、蔬菜、树木等。1799 年，他的收藏中有一部分在伦敦被拍卖，而这很有可能就是凯特利获得这些植物图谱的机缘。

威廉·凯特利（William Cattley，1788-1835）是一位英国商人，同时也是园艺学家。他常年从事英俄贸易，也因个人爱好从世界各地收集植物，据称特别钟爱兰花。他在全盛时期拥有自己的植物苗圃，还出资发行相关图书，英国植物学家约翰·林德利（John Lindley，1799-1865）年轻时也得到过他的资助。

除了原图的拥有者凯特利之外，还有两位人物显然参与了这一画册的出版工作。一位是约瑟夫·班克斯爵士（Sir. Joseph Banks，1743-1820），著名的博物学家和探险家，参与过多次远航，足迹到达过冰岛、纽芬兰、澳大利亚等地。他曾担任英国皇家学会会长四十年之久，被认为对英国科学发展作出过很大的贡献。按照凯特利的说法，班克斯爵士对

2

图片选择提供了指导意见，而能够邀请到这样的大腕参与，也可以看出凯特利并不是一般的植物学业余爱好者。

另一位关联人物就是在画稿上留下缩写签名的查尔斯·亨利·贝伦登·科尔（Charles Henry Bellenden Ker，1785？-1871）。他本人是一位英国的法律改革家，而他的父亲约翰·贝伦登·科尔（John Bellenden Ker，1765？-1842）则是一位植物学家。想来查尔斯在早年应该受了父亲不少熏陶，也极有可能是因为父亲的关系参与了这个出版项目。图片一部分是铜版印刷的，一部分是石版印刷的，查尔斯应该是负责了石印图片的原稿绘制，并在图稿上留下了看起来应该是用炭笔书写的签名。

另外，铜版蚀刻用来印刷插图在欧洲印刷史上流传已久，到了十九世纪可以说是成熟的技术，而石版印刷术则是当时刚刚诞生的新技术。德国艺术家塞内菲尔德（Alois Senefelder，1771-1834）据称于 1796 年发明了石版印刷术，他本人的著述《石印术完全教程》（*Vollständiges Lehrbuch der Steindruckery*）在 1818 年出版。石印术不但给欧洲人提供了成本更低的图片印刷方案，后来也对中国的出版印刷事业产生了巨大的影响。从图片内容上，

似乎并不能看出凯特利为什么只是部分使用了铜版印刷，所以，更有可能是出于成本、效率、人力资源等方面的考虑，他还选择了石版印刷。如此精美的图册（虽然很大程度上要归功于后期上色），也可以算是早期石印史上的一道风景线了。

欧洲人最早见到的中国植物图谱大概是 1656 年出版于维也纳的《中国植物志》，此外，大英博物馆收藏的中国外销画中有 1700 年的植物图谱。最初绘制这类图谱的是具备博物学功底的学者，其视野和目的也是偏向博物学的，但是随着 18 世纪的"中国热"风靡欧洲，尤其是外销画市场的兴起，类似的图谱更多地成为了一种艺术商品。从绘画技法上看，这一类图谱依然采用了博物学的绘制方法，虽然也是非常细致地刻画了植物的形态特征，但更着意于表达生物分类的信息。但是作为外销画，它们的主要作用已经不是传递植物学知识，而是用作装饰，成为一种实用艺术品。另一方面，外销画作者有很多是中国画师，使得这一类图谱无论在审美上还是技法上都呈现出一种中西合璧的独特风格。

范罢览本人在博物学领域并没有显著的社会关系，他更多地是站在一个普通的来自异国的观察者的立场，以他自己的眼光和品位为指导，收集表现

中国的山川风貌、社会习俗、自然物产的艺术品。然而他的部分藏品却流入了植物学、园艺学专业人士的手中，以完全不同的视角被开发利用。所以说，近代史上的文化碰撞、范罢览富有传奇色彩的人生经历、几位英国专业和半专业植物学者的介入，众多因素的偶然汇聚促成了这件印刷品的诞生。因而，它无疑是中西文化交流史上一件有趣的纪念品。

（作者为上海图书馆历史文献中心馆员）

CHBK

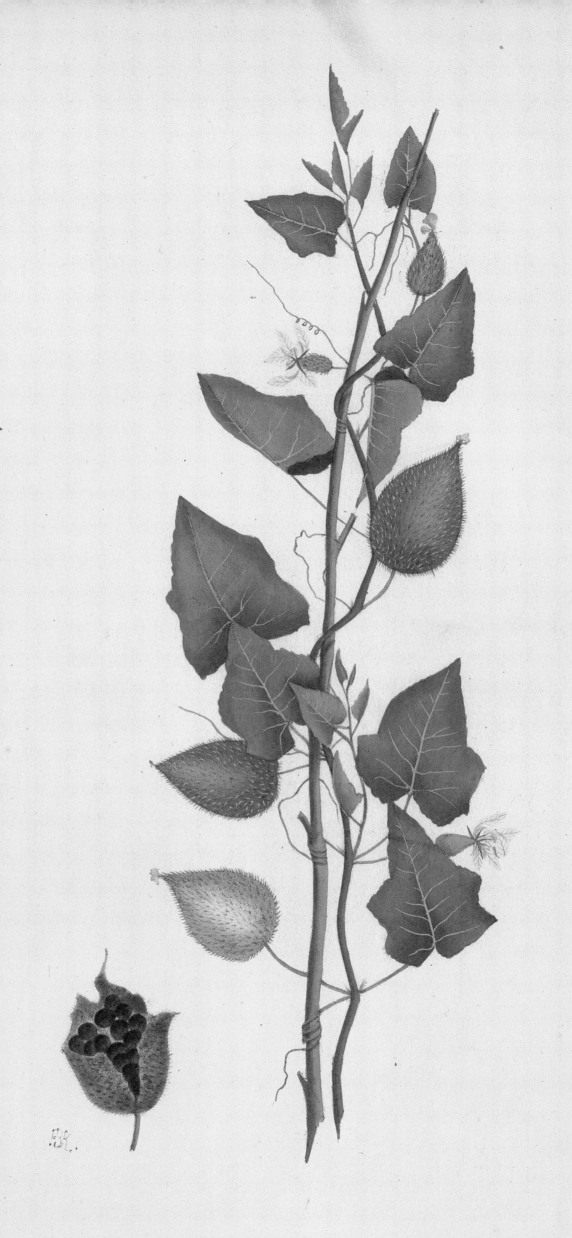

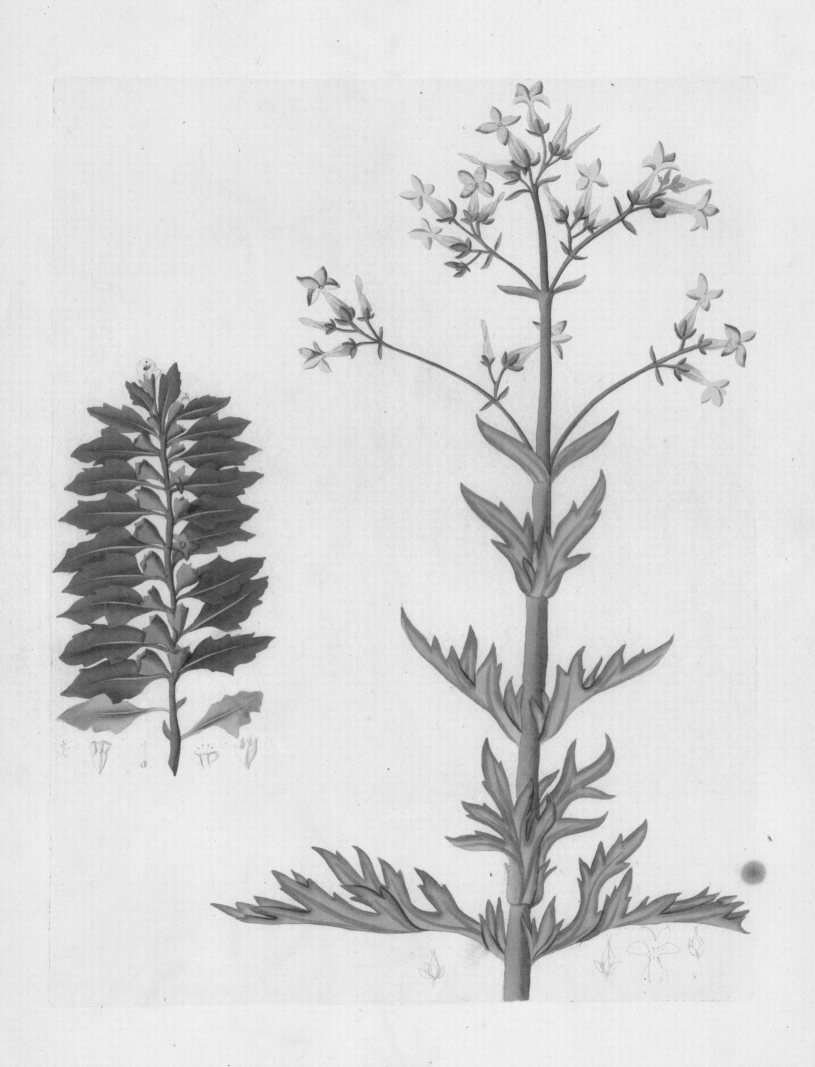

图书在版编目（CIP）数据

中华和印度植物图谱／（英）查尔斯·科尔等绘制；
徐锦华主编. -- 上海：上海古籍出版社, 2023.6
（徐家汇藏书楼珍稀文献选刊）
ISBN 978-7-5732-0617-6
Ⅰ.①中… Ⅱ.①查…②徐… Ⅲ.①植物—中国—
图谱②植物—印度—图谱 Ⅳ.①Q948.52-64
②Q948.535.1-64
中国国家版本馆CIP数据核字（2023）第033375号

丛书主编：徐锦华
丛书总序：董少新
本册导言：周仁伟

责任编辑：虞桑玲
装帧设计：严克勤
技术编辑：隗婷婷

徐家汇藏书楼珍稀文献选刊

中华和印度植物图谱
Icones pictae indo-asiaticae plantarum

［英］查尔斯·科尔（Charles Henry Bellenden Ker）等 绘制

上海古籍出版社出版发行
（上海市闵行区号景路159弄1-5号A座5F　邮政编码201101）
（1）网址：www.guji.com.cn
（2）E-mail: guji@guji.com.cn
（3）易文网网址：www.ewen.co

印刷：上海丽佳制版印刷有限公司

开本：787×1092毫米　1/8
插页：5　印张：8　　　　　字数：62千字
版次：2023年6月第1版　　2023年6月第1次印刷
ISBN　978-7-5732-0617-6 / J·677
定价：258.00元